SOY VIOLETA

Texto, ilustraciones y maquetación: Marta González Blázquez

Contacto: bajoelhelecho@gmail.com
Síguenos en Instagram: @colección_maleza

2

¡Hola! Mi nombre es Violeta y creo que ya nos conocemos: ¡seguro que me has visto en tus excursiones al bosque! Allí es donde vivo, en claros y bordes de caminos.

Soy una planta pequeña y muy fácil
de reconocer. Mis hojas tienen
forma de corazón y, mis flores,
un color y una forma inconfundibles.
Además, algunas de mis especies
(somos más de 500)
desprenden un olor dulzón.

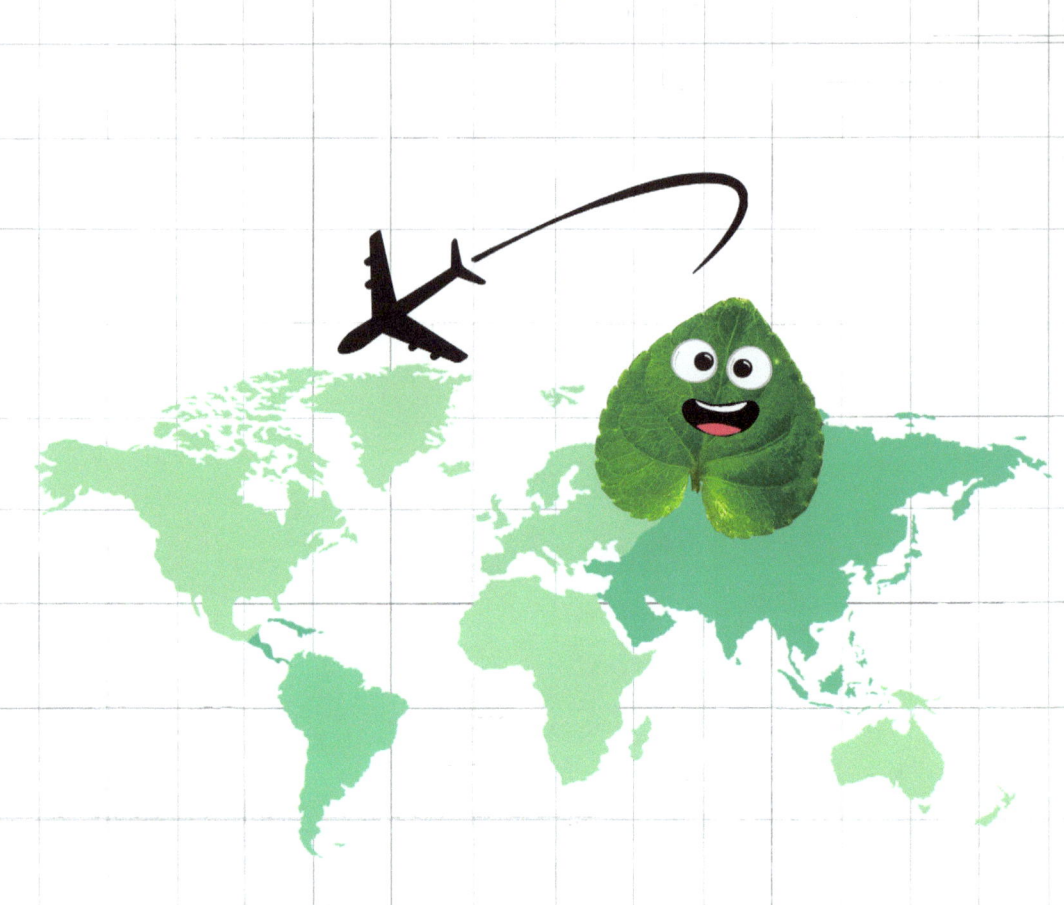

Soy originaria de Europa pero,
gracias a los seres humanos,
he acabado repartida por gran parte
del mundo.

Que mi tamaño no te haga equivocarte: sí, soy pequeña, pero tengo una grandísima cantidad de nutrientes.

Mis hojas y flores contienen vitamina C (más que las naranjas), vitamina A, E y otras sustancias muy beneficiosas para tu cuerpo, incluso algunas anti-tumorales.

Por eso es interesante que me comas.
¿Te imaginas tantísimas vitaminas
en tu ensalada?
La mejor forma de consumirme es cruda.
Ensaladas, batidos, salsas, yogur...
¡ponle imaginación y añádeme
a tus platos!

Gelatina de violetas

Ingredientes:

1 sobre de agar agar (o gelatina), 2 tazas de flores de violeta lavadas, 4 tazas de agua, zumo de 1 limón y edulcorante al gusto (azúcar, estevia, miel...).

En un cazo, pon a hervir el agua. Cuando esté burbujeando, retíralo del fuego y echa las flores, asegurándote de que todas quedan cubiertas por agua.
Déjalo reposar 15 minutos y cuélalo.
Añade el sobre de agar agar, el edulcorante y el zumo de limón y ponlo al fuego de nuevo. Deja que hierba durante un minuto, reduce a fuego bajo y déjalo 5 minutos, sin dejar de remover.
Retira del fuego y vierte la mezcla en vasitos o cuencos individuales. Déjalo reposar y, cuando esté a temperatura ambiente, mételo en la nevera.
Déjalo 2 horas y ¡a disfrutar!

También puedes cocinarme:
flores confitadas o en mermelada,
hojas en sopa, empanada, guisos...

Algunas de mis variedades,
como te decía, tienen un olor muy
intenso y dulzón.
Esto ha hecho que se me utilice
en perfumería, extrayendo mi
aroma para que las personas
lo podáis utilizar.

15

Pero tengo más usos.

¡Soy medicinal!

Tómame en infusión cuando tengas

fiebre para bajarla, por ejemplo,

o cuando te duela la cabeza o

tengas migrañas.

Puedo ayudarte también a superar

resfriados y a calmarte en

momentos de estrés.

¿Sabes lo que es una cataplasma?
Es una pasta blanda que se hace,
normalmente, con plantas y
se utiliza sobre la piel para curar.
Bien, pues puedes hacer una cataplasma
con mis hojas para solucionar problemas
de acné o dermatitis.

Cualquiera de mis variedades te sirve
para todo lo que te he contado pero
ten en cuenta que,
a la hora de cocinar dulces,
cuanto más olorosa sea la planta,
mejores resultados tendrás.

Vinagre de violetas

Ingredientes:
1 taza de flores de violeta
medio litro de vinagre de vino blanco

Recoge las flores de violeta y lávalas con agua fría. Ponlas sobre una toalla o paño limpio para que sequen y, después, mételas en un bote limpio de cristal.

Pon el vinagre en una cacerola pequeña y lleva a ebullición a fuego medio. Retira del fuego y viértelo sobre las flores, dejando un par de centímetros del tarro sin llenar.

Tapa el recipiente con un trapo o gasa limpio, sujeto por una goma elástica para evitar que entren bichos o polvo.

Déjalo en un lugar oscuro y fresco entre 2 y 6 días. Verás que el vinagre adquiere un precioso color violeta.

Una vez pasado este tiempo, cuela las flores (puedes usarlas para hacer abono) y guarda el líquido en una botellita para usarlo.

Este vinagre dará un sabor delicioso a tus ensaladas. También puedes usarlo como adobo para carnes o verduras asadas.

En la mitología griega,
las violetas aparecemos en
la leyenda de Ío, una mujer de la que se
enamoró el Dios Zeus.
Desde entonces y a lo largo de la
historia los humanos nos habéis
relacionado con la humildad,
el amor y la pureza... y nos habéis
cultivado para que os ayudemos.

Tú también puedes tenerme en tu vida:
cultivarme es realmente sencillo.
Las violetas nos reproducimos por
estolones y semillas.

Los estolones son unos tallos de
los que salen plantas nuevas.
Simplemente corta uno de estos
tallos y ponme en una maceta
o en tu jardín.

25

Otra opción es recolectar mis hojas o flores en el campo, pero recuerda elegir un lugar lejos de cunetas o caminos, donde no haya caca o pis de animales. También lejos de contaminación. A veces los humanos echáis veneno para que no salgamos plantas, ¡cuidado!

Si tienes alergia mi polen
puede afectarte.
¡Tenlo en cuenta y toma precauciones!

Y recuerda que la Naturaleza somos
todos los seres vivos.
Yo no puedo recoger la basura pero
¡tú sí!
Retira la tuya y la que encuentres,
por favor.
¡Cuidémonos entre todos!

29

La Colección Maleza al completo.
¿Ya nos conoces a todas?

Recorta esta ficha y plastifícala para poder llevarla a tus excursiones. Así, podrás asegurarte de que me reconoces cuando me encuentres.
¡Nos vemos en el bosque!

VIOLETA
Viola sp.

Hábitat: en el bosque, en claros y bordes de caminos.

Descripción: entre 10 y 20 cm de altura. Hojas con con forma de corazón. Flores de color violeta, algunas especies son muy olorosas.

Confusiones: ninguna.

Usos: sus hojas y flores son comestibles, crudas o cocinadas. Es muy nutritiva.

Tiene propiedades medicinales: bajar fiebre, dolor de cabeza, estrés, dermatitis, acné.

Recolección: florece en primavera. Las hojas pueden recolectarse en cualquier momento, mejor días secos y soleados.